**GUCKST
DU
OBEN**

GUCKST DU OBEN

Ernestine Donnerberg
und Holger Haag

KOSMOS

Mehr entdecken, mehr verstehen

DAS
KOSMOS
VERSPRECHEN

Expertenwissen seit 1822

Welches Thema dich auch begeistert – auf unsere Expertise kannst du dich verlassen. Und das schon seit über 200 Jahren.

Unser Anspruch ist es, dich mit wertvollem Rat zu begleiten, dich zu inspirieren und deinen Horizont zu erweitern.

BEGEISTERUNG DURCH KOMPETENZ

Unsere Autorinnen und Autoren vereinen professionelles Know-how mit großer Leidenschaft für ihre Themen.

WISSEN, DAS DICH WEITERBRINGT

Leicht verständlich, lebensnah und informativ für dich auf den Punkt gebracht.

SACHVERSTAND, DEN MAN SEHEN KANN

Mit aussagestarken Fotos, Zeichnungen und Grafiken werden Inhalte besonders anschaulich aufbereitet.

QUALITÄT FÜR HEUTE UND MORGEN

Dafür sorgen langlebige Verarbeitung und ressourcenschonende Produktion.

Du hast noch Fragen oder Anregungen?
Dann schreibe uns: kosmos.de/servicecenter

INHALT

EINFACH LOSLEGEN!

Die echten Birdnerds erkennen viele Vögel auf den ersten Blick schon direkt an Färbung, Silhouette, Verhalten, am Flugstil oder an der Körperhaltung. Das Gesamtpaket nennt sich übrigens Jizz. Klingt fancy, kannst du aber auch lernen. Anders als die üblichen Wälzer mit hundert Details geht's in diesem Buch ums Wesentliche. Die Zeichnungen sind bewusst vereinfacht, damit du dich nicht in Kleinkram verlierst.

Guckst du nach den drei hervorgehobenen Merkmalen – zack! –, weißt du, wer es ist. Und obendrauf gibt's noch einen typischen Move, Ruf oder Song, an dem du den Vogel sofort wiedererkennst.

GUCKST DU OBEN!

Guckst du nach diesen drei Merkmalen, weißt du, welcher Vogel es ist!

GUCKST DU

1. weiße Schulterflecken
2. Unterseite zum Schwanz rot
3. ♂ mit rotem Hinterkopf

BUNTSPECHT

Facts zum Einprägen

Auf den Sound kommt es an. Das denkt sich auch der Buntspecht in der Balzzeit. Beim Trommeln gilt: Hauptsache laut. Hohle Baumstämme oder totes Holz sind gut, aber Metallstangen, Regenrohre oder Schilder sind noch besser und auffälliger. Zum Glück wachsen bei Vögeln abgestorbene Hörzellen wieder nach.

020

Achte auf die besonderen Rufe in den Sprechblasen! Du findest die Stimmen auch auf der App, höre mal rein. Nähere Infos findest du auf Seite 90.

KOSMOS PLUS

56

57

VIER SPOTS

Das Geniale am Vögelgucken: Du kannst es echt überall machen. Egal ob mitten in der Stadt oder draußen auf dem Land – irgendwo flattert immer was rum. Und weil Vögel fliegen können (Überraschung!), tauchen auch manchmal Arten auf, mit denen du null gerechnet hast.

Dieses Buch soll es dir erstmal einfach machen. Es ist in vier Lebensräume aufgeteilt und stellt Vögel in Stadt, Dorf, Wald und an Gewässern vor. Fang am besten direkt vor deiner Haustür an – du wirst staunen, was da los ist. Schau mal, ob du ihre Merkmale und Moves erkennst.

STADTPFLANZEN

Artenvielfalt in der Stadt? Jepp, aber sie wird oft total unterschätzt. Zwischen Straßen und Häuserschluchten gibt es auch viele Vogelarten. In Gärten, Alleen, Parks, Hinterhöfen und Schrebergärten, an Gewässern, auf Friedhöfen, Häuserdächern und Sportplätzen – überall finden sie Ersatz-Spots für ihre ursprünglichen Wald- oder Felslebensräume. Kein Wunder, dass im Sommer selbst mitten in der Großstadt locker um die hundert Vogelarten unterwegs sind. Du musst nur die Augen aufmachen. Zieh einfach los und entdecke sie!

GUCKST DU

1 große, dicke Taube mit weißem Fleck am Hals

2 rosa Brust

3 schwarze Schwanzspitzen

RINGELTAUBE

Etwas plump wankt die große Taube über die Wiese. Doch sie kann auch anders: Beim Balzflug schlägt sie kräftig mit den Flügeln, fliegt steil nach oben und klatscht am höchsten Punkt ihre Flügel zusammen. Das heißt: »Hey, schau her!« Dann gleitet sie elegant mit gefächertem Schwanz nach unten.

001

Gruh
gruh
gruh
Gruh
gruh
Gruh gruh
gruh

Sriiiiiiiiiiii-sriiiiiiiiiii

GUCKST DU

1 segelt am Himmel mit sichelförmigen, schmalen Flügeln

2 weiße Kehle

3 gegabelter Schwanz

MAUERSEGLER

»Sriii-sriii!«: Seine Rufe sind der Soundtrack des Sommers. An warmen Abenden sitzt du im Biergarten und über dir sausen die Mauersegler zackig in Gruppen am Himmel durch die Häuserschluchten. Aber nur von Mai bis Ende Juli, denn nach Brut und Jungenaufzucht geht's wieder zurück ins südliche Afrika.

002

GUCKST DU

1 groß, mit schwarz schillerndem Gefieder

2 kräftiger Schnabel

3 schreitet über die Wiese

RABENKRÄHE

Ihr Motto: »Alles durchdacht, was ich mach.« Die Rabenkrähe überlässt nichts dem Zufall und ist immer aufmerksam. Der schlaue Vogel räumt Mülleimer leer, öffnet Müllsäcke und lässt Walnüsse aus der Luft auf harte Böden fallen, um an die Inhalte zu kommen. Ganz schön raffiniert!

003

Zi-zi-bä
Zi-zi-bä
Zi-zi-bä

GUCKST DU

1. Meise mit weißen Kopfseiten
2. gelbe Unterseite
3. Brust mit schwarzem Mittelstreifen

KOHLMEISE

Sie ist die Chefin! Als größte Meise vertreibt die Kohlmeise andere Meisen von der Futterstelle und schnappt sich die besten Nisthöhlen. Schon im Februar hörst du das typische »Zi-zi-bä«. Sie kann aber noch viel mehr: Gesang und Rufe sind sehr variabel und verwirren auch Profis immer wieder.

004

GUCKST DU

1. Meise mit blauer Kopfplatte und blauen Flügeln
2. gelbe Unterseite
3. weiße Kopfseiten

BLAUMEISE

Kopfüber turnt die niedliche Blaumeise an dünnen Zweigspitzen. Klein und leicht, wie sie ist, kommt sie so dahin, wo andere aufgeben müssen, und sucht nach winzigen Insekten. Zur Brutzeit braucht sie viele davon, denn sie zieht bis zu zwölf Küken groß, mehr schafft kein anderer Singvogel. Im Winter turnt sie mühelos an Fettknödeln und anderen Leckereien.

005

Ich sing so schön,

GUCKST DU

1. ♂ schwarzes Gefieder
   ♀ braunes Gefieder
2. ♂ orangegelber Schnabel
   ♀ brauner Schnabel
3. ♂ mit gelbem Augenring

AMSEL

»Teck-teck-teck …!« Wenn das die Amsel ruft, dann droht Gefahr am Boden: Katze oder Marder im Anmarsch. Ein hohes, scharfes »Siii« warnt vor Gefahr aus der Luft, zum Beispiel vom Sperber. Richtig schön ist aber ihr melodischer Gesang. Viele Komponisten hat er inspiriert und er macht, dass wir uns wohlfühlen.

006

GUCKST DU

1 Gesicht und Brust orangerot

2 graubraune Oberseite

3 schwarzes Auge

ROTKEHLCHEN

Die zwei Gesichter des Rotkehlchens: Da hüpft der niedliche Vogel bei der Gartenarbeit zutraulich um uns herum oder singt sein melancholisches Lied aus einem nahen Busch. Aber es kann auch anders: Mit Gewalt verteidigt es sein Revier gegen Konkurrenten oder greift auch schon mal eine Maus an.

007

GUCKST DU

1. roter Schwanz
2. ♂ schwarzgraues Gefieder
   ♀ braungraues Gefieder
3. weißes Flügelfeld

HAUS-ROTSCHWANZ

Wer mit offenen Fenstern schläft, kennt es: dieses kratzige, gepresste Zwitschern Mitten im Gesang, das einen circa neunzig Minuten vor Sonnenaufgang aus dem Schlaf reißt. Der Vogel selbst ist umso schöner: rußschwarz mit rotem, zitterndem Schwanz. Schon lange hat der ehemalige Hochgebirgsbewohner unsere Städte als Lebensraum für sich entdeckt.

008

GUCKST DU

1. ♂ graue Kopfplatte
2. ♂ schwarze Kehle
3. braun-schwarz gemusterte Oberseite

HAUSSPERLING

»Frech wie ein Spatz«, so kennt ihn fast jeder: den Haussperling. Selten alleine unterwegs, sucht die Spatzenbande an Cafés und Pommes-Buden nach Resten und frisst die Krümel manchmal sogar aus der Hand. Lautstark ist die Gang unterwegs und regt sich immer über irgendetwas auf. Sympathische Krachmacher!

009

tschilp
tschilp
tschilp

LANDEIER

Kleinstädte und Dörfer sind quasi die Mini-Versionen der Großstadt – nur mit deutlich mehr Grün. Auch hier finden sich viele unterschiedliche Strukturen. Zudem grenzen die Dörfer an andere Lebensräume wie Wälder, Weiden, Felder, Obstwiesen oder Heckenlandschaften. Gerade in diesen Randlagen geht's richtig ab: Da fliegt ein Turmfalke über das Dorf oder ein Eichelhäher schaut kurz aus dem Wald vorbei. Im Winter kommen Vögel aus der Umgebung her, weil es hier geschützter ist. Häufig gibt es auch mehr zu fressen. Ein Futterhaus lockt so manch einen aus der Reserve.

GUCKST DU

1. sehr großer Vogel mit roten Beinen und rotem Schnabel
2. Kopf und Körper weiß
3. schwarze Flügel

WEISSSTORCH

Immer der Nase nach! Tatsächlich fliegen Störche gerne zu frisch gemähten Wiesen, die sie von Weitem riechen können. Hier erbeuten sie Mäuse, Frösche und Insekten. Babys bringen sie übrigens nicht. Die Geschichte entstand vor circa zweihundert Jahren. Es galt als unsittlich, den Kindern zu erklären, wo die Babys wirklich herkommen.

010

klapp
klapp

GUCKST DU

1. ♂ Falke mit grauem Kopf
2. rüttelt im Flug auf einer Stelle
3. Schwanz mit schwarzer Endbinde

TURMFALKE

Markenzeichen: Rüttelflug. Obwohl die Flugweise voll anstrengend ist, benutzt der Turmfalke sie bei der Jagd. Was dabei hilft: Er sieht nicht nur scharf, sondern auch Infrarot. Damit erkennt der Turmfalke frisches Mäusepippi und sieht, ob viele Mäuse auf der Wiese unterwegs sind. So weiß er immer, wo es sich lohnt, in der Luft zu rütteln.

011

GUCKST DU

1. große orangefarbige Federhaube mit dunklen Enden
2. langer, gebogener Schnabel
3. schwarz-weiße Flügel

WIEDEHOPF

Mit seiner »Punkerfrise« fällt er auf. Der lange, gebogene Schnabel trägt ebenfalls zu seinem krassen Erscheinungsbild bei. Die »Up-up-up«-Rufe des coolen Typs sind heute nur sehr selten zu hören. In alten Liedern, wie zum Beispiel in der »Vogelhochzeit«, wird der Wiedehopf dagegen oft erwähnt, denn da war er noch sehr viel häufiger.

012

GUCKST DU

1. auffällig grünlicher Vogel
2. rote Kopfplatte
3. schwarze Gesichtsmaske mit strengem Blick

GRÜNSPECHT

Liebt Obstwiesen, Gärten und lichte Wälder. Dort hopst er über die Wiesen auf der Suche nach seiner Leibspeise: Ameisen. Mit seiner zehn Zentimeter langen, klebrigen Spezialzunge fischt er die Ameisen und ihre Brut aus den Nestern. Im Frühling sind seine lauten und lachenden »Klü-klü-klü-klü«-Rufe oft zu hören.

013

GUCKST DU

1. Kopf, Brust und Nacken schwarz
2. langer, stufenförmiger Schwanz
3. Bauch und Schulterfedern weiß

ELSTER

Ziemlich erfinderisch und schlau, wenn's ums Essen geht. Da drehen Elstern schon mal größere Steine um, kontrollieren Komposthaufen, verstecken Vorräte oder plündern Singvogelnester, allerdings nur die schlecht versteckten. Im Übrigen gehören Elstern auch zu den Singvögeln, obwohl ihre Laute etwas crazy sind.

014

tschäk
tschäk
tschäk
tschäk
tschäk
tschäk
tschäk
tschäk

GUCKST DU

1. Unterseite weiß, Stirn und Kehle dunkelrot
2. Oberseite schwarz glänzend
3. lange Schwanzspieße

RAUCH-SCHWALBE

Eine Schwalbe macht noch keinen Sommer. Leider ist das wahr, und so manche Schwalbe muss das mit ihrem Leben bezahlen. Wenn sie aus dem Süden zurückgekehrt ist und es Anfang April noch mal länger kalt und nass wird, kann das übel für sie ausgehen. Ansonsten findest du Rauchschwalben auf Bauernhöfen, wo sie innerhalb der Ställe ihre Nester an die Decke bauen.

015

GUCKST DU

1. gelber Schnabel
2. Gefieder glänzt metallisch grün und purpurn
3. weiße Punkte im Gefieder

STAR

Rasenmäher, Handyklingeln – der Star hat alles drauf! Er imitiert solche technischen Geräusche genauso gut wie Vogelgesänge anderer Arten. Das sorgt mitunter für Verwirrung: Ein ungewöhnlicher Gesang? – Ah, da sitzt der Verursacher, mal wieder der Star! Im Herbst veranstalten Stare in riesigen Schwarmformationen vor Sonnenuntergang beeindruckende Flugshows.

016

GUCKST DU

1 hochbeinig mit langem Schwanz

2 schwarz-weißer Kopf

3 graue Oberseite

BACHSTELZE

Mit rhythmischem Kopfwackeln stolziert sie über kurzrasige und schwach bewachsene Flächen und sucht nach Insekten. Ihr langer Schwanz ist dabei in Bewegung und wippt auf und ab. Auf Schaf- und Kuhweiden findest du sie besonders häufig. In Lettland ist die Bachstelze sogar der Nationalvogel und heißt Baltā cielava.

017

GUCKST DU

1. ♂ Kopf und Unterseite gelblich, Oberseite bräunlich
2. rotbrauner Bürzel
3. schwarzes Auge

GOLDAMMER

High Noon, staubige Felder und dreißig Grad – wer singt da noch? Nur die Goldammer. So schafft sie es bis zu siebentausendmal am Tag, ihre kurze Strophe zu singen »Zi-zi-zi-zi-ziiiiiii!«. Als Merkspruch hilft dir: »Wie-wie-wie hab ich dich liiiiiieb!« Im Winter sind Goldammern oft mit Feld- und Haussperlingen in kleinen Gruppen unterwegs.

018

WALDBEWOHNER

Du siehst die Vögel vor lauter Bäumen nicht? Jepp – im Wald brauchst du vor allem gute Ohren, denn zwischen all den Ästen und Blättern, im Wechsel von Licht und Schatten spielen die Vögel mit dir lieber Verstecken als zu posen. Da ist es schwer, sie mit den Augen zu entdecken. Früh aufstehen lohnt sich hier für deine Ohren aber richtig. Gerade im Frühling ist das morgendliche Vogelkonzert dort einfach top. Welche Arten du triffst, hängt vom Waldtyp ab – ob Nadel- oder Laubwald, Berg- oder Auwald, ob jung oder uralt: Jeder Wald hat seine eigene Playlist.

Kuckuck
Kuckuck

GUCKST DU

1 ♂ Grundfarbe meistens grau

2 gestreifter Bauch, langer Schwanz

3 große gelbe Augenringe

KUCKUCK

»Kuckuck, Kuckuck, ruft's aus dem Wald.« So kennen wir es aus dem bekannten Lied. Leider ruft's immer seltener. Der Kuckuck ist ein Opfer des Klimawandels und dadurch einfach zu spät dran. Wenn er ab Mitte April aus Afrika zurückkommt, haben aufgrund der Klimaerwärmung viele seiner Wirtsvögel bereits lange angefangen zu brüten. So findet er kaum noch geeignete Nester, in die er seine Eier hineinschummeln kann.

019

GUCKST DU

1 weiße Schulterflecken

2 Unterseite zum Schwanz rot

3 ♂ mit rotem Hinterkopf

BUNTSPECHT

Auf den Sound kommt es an. Das denkt sich auch der Buntspecht in der Balzzeit. Beim Trommeln gilt: Hauptsache laut. Hohle Baumstämme oder totes Holz sind gut, aber Metallstangen, Regenrohre oder Schilder sind noch besser und auffälliger. Zum Glück wachsen bei Vögeln abgestorbene Hörzellen wieder nach.

020

düde-lio düde-lio düde-lio

GUCKST DU

1 ♂ krass gelber Körper
♀ gelblich grün

2 schwarze Flügel

3 roter Schnabel

PIROL

Die leuchtend gelbe Farbe ist ungewöhnlich für heimische Vögel. Die Verwandtschaft unseres Pirols lebt vor allem in den Tropen. In Europa gibt es nur eine einzige Art. Trotz der auffälligen Farbe ist es unheimlich schwer, einen Pirol im Blätterwirrwar zu entdecken. Aber der flötende Gesang ist unverwechselbar.

021

GUCKST DU

1. rosabraunes Gefieder
2. schwarzer Bartstreif
3. blau-schwarzes Flügelfeld, im Flug weißer Bürzel

EICHELHÄHER

Ungefähr fünfzehn Kilo Eicheln sammelt ein Eichelhäher im Herbst und versteckt sie in seinem Revier. So kommt er gut durch den Winter. Da er nicht alle Eicheln und Nüsse wiederfindet, pflanzt der Waldgärtner unfreiwillig viele neue Bäume. Sein Zweitjob ist Polizist, denn seinen Warnruf kennt jedes Tier im Wald.

022

chrää
chrää
chrää
chrää

GUCKST DU

1 organgefarbige Unterseite

2 blaugraue Oberseite

3 schwarzer Augenstreif

KLEIBER

Steht kopf: Seine Kletterkünste sind beeindruckend, denn er ist der einzige heimische Vogel, der auch kopfüber einen Baum hinunterklettern kann. Mit seinem Schnabel und etwas Lehm spachtelt der kleine Maurer den Eingang seiner Bruthöhle so zu, dass sein Körper perfekt durchpasst, größere Eindringlinge aber nicht.

023

GUCKST DU

1	klein und braun
2	kugelig mit langem Schnabel
3	nach oben stehender Schwanz

ZAUNKÖNIG

Klein, aber oho! passt gut zu diesem Winzling. Einer der kleinsten heimischen Vögel, aber mit neunzig Dezibel Gesangslautstärke einer der lautesten – wie ein vorbeidonnernder Lastwagen. Klingt aber viel schöner. Dabei singt der Zaunkönig 36 Töne in der Sekunde, was für unsere Ohren leider viel zu schnell ist.

024

türr-ju-tü-lü
tell-tell tell-tell
tell-ju
terrrrrrrrr-zill

dsedse-dsedserit-tscherrit

GUCKST DU

1 ♂ Kopfplatte und Nacken blaugrau

2 Brust und Gesicht orangebraun

3 weißer Schulterfleck und Flügelbinde

BUCHFINK

Überall dort, wo Bäume stehen, ist auch er. Dabei fällt der Buchfink oft nicht gleich ins Auge, obwohl er fast so häufig ist wie die Amsel. Er lebt in Wäldern, Parks, Obstwiesen und Gärten. In Mitteleuropa ziehen Buchfinken im Herbst teilweise bis in den Mittelmeerraum, vor allem die Weibchen, sodass du im Winter mehr Männchen siehst.

025

GUCKST DU

1 ♂ Brust und Hals rot
♀ braungrau

2 Kopf und Schnabel schwarz

3 kugelig und gedrungen, im Flug weißer Bürzel

GIMPEL

Hört man den unauffälligen Gesang eines Gimpels, erstaunt es, dass er früher in Käfigen gehalten und ihm kleine Lieder beigebracht wurden. Er hatte so Melodien drauf wie »Ein Jäger aus Kurpfalz«. Fürs Liederlernen musste der Jungvogel vor dem Ausfliegen aus dem Nest geholt werden. Schon 1888 wurde dieses miese Vorgehen verboten.

026

WASSERRATTEN

An Gewässern triffst du auf eine ganz andere Vogelcrew. Hier chillen die Schwimmprofis, Taucher und Fischfänger – echte Wasserspezialisten. Andere stochern im Schlick nach Insekten und Würmern. Perfekt ans Leben am Wasser angepasst sind sie alle, je nach ihren speziellen Bedürfnissen. Welche Arten du siehst, hängt natürlich vom Spot ab: Salz- oder Süßwasser, Fluss oder See, mit Schilfufer oder ohne. Jeder Ort hat seine eigene Bird-Gang. Und nebenbei kommen ständig Gäste vorbei, um zu trinken oder sich einen schnellen Snack zu sichern.

rääääb
rääääb
rääääb
rääääb
rääääb

GUCKST DU

1 Gans mit rötlich braunem Gefieder

2 dunkler Fleck ums Auge

3 dunkelrosa Beine

NILGANS

Mit eigenen Flügeln hat sie es nicht vom Nil bis an unsere Gewässer geschafft. Die sich ausbreitenden Nilgänse stammen von entflohenen Vögeln aus den Niederlanden ab. Für Entenvögel eher ungewöhnlich, hört man das laute »Räääb-räääb-räääb!« von oben aus den Bäumen. Dort brüten sie gerne in Baumhöhlen. Ihre Jungen verteidigen sie energisch und erfolgreich.

027

GUCKST DU

1 ♂ Ente mit grün schimmerndem Kopf

2 ♂ weißer Halsring

3 vor allem im Flug sichtbarer blauer Flügelspiegel

STOCKENTE

»Köpfchen in das Wasser, Schwänzchen in die Höh'.« Oder anders: gründeln. So suchen die Enten den Gewässerboden mit dem Schnabel nach Wasserpflanzen und kleinen Tieren ab. Männchen und Weibchen rufen übrigens ganz unterschiedlich, die Männchen »rrräb-rrräb« und Weibchen »wäk-wäk-wäk«.

028

GUCKST DU

1. groß und grau mit gelbem dolchartigen Schnabel
2. fliegt mit eingezogenem Hals
3. schwarze Schopffedern

GRAUREIHER

Lauernd und still steht er mit eingezogenem Hals da, dann – zack! – schlägt er pfeilschnell mit dem Schnabel zu. So fängt der Graureiher im Wasser Fische und Frösche und an Land vor allem Mäuse. Mit nur circa zwei Flügelschlägen pro Sekunde ist er ein langsamer Flieger. Eine Taube schafft neun und Kolibris bis zu achtzig Schläge.

029

GUCKST DU

1 groß, hellgrau mit langen Beinen

2 Hals und Kopf schwarz-weiß gestreift

3 rote Kopfplatte

KRANICH

»Gruuu-gruuu!« – Gänsehautmoment: Mit lauten Rufen fliegen ab Mitte Oktober große Kranichtrupps über Mitteldeutschland. In langen, v-förmigen Ketten ziehen sie nach Südfrankreich und Spanien. Mit dem Formationsflug im Windschatten sparen sie circa zwanzig Prozent Energie. An der Spitze wechseln sie sich regelmäßig ab.

030

Gruuu-gruuu

GUCKST DU

1. schwarzer Wasservogel
2. Stirn und Schnabel weiß
3. Zehen mit Schwimmlappen

BLÄSSHUHN

Eben noch ganz friedlich, rennt das Blässhuhn plötzlich mit flatternden Flügeln über das Wasser. Ein Konkurrent hat sich dem Revier genähert und wird sofort mit vorgestreckten Füßen angegriffen. Aber auch andere Wasservögel werden nicht so gerne in Nestnähe gesehen und lautstark vertrieben.

031

GUCKST DU

1. Küstenvogel mit schwarz-weißem Gefieder
2. rote Beine
3. Schnabel und Auge rot

AUSTERN-FISCHER

Vorgestreckter Hals, Schnabel leicht geöffnet und senkrecht nach unten gehalten: So verfolgen sich die Austernfischer während der Balz mit lauten, trillernden Rufen. Auch sonst ist der »Halligstorch« mit seinem markanten Gefieder an der Nordseeküste kaum zu übersehen und zu überhören.

032

iiiiiiiiiibik

GUCKST DU

1. Wiesen- und Wasservogel mit auffälliger Federtolle
2. metallisch grüne Oberseite, weißer Bauch
3. breite Flügel im Flug

KIEBITZ

Looping-Künstler: Mit den breiten, rundlichen Flügeln machen Kiebitze spektakuläre Flugmanöver. Besonders während der Balz drehen sie gaukelnde und akrobatische Runden über ihrem Revier. Dabei rufen sie laut »Kiie-wit!«. Greifvögel, Krähen und Möwen werden mutig angegriffen, um das Nest zu verteidigen.

033

GUCKST DU

1 Möwe mit fleisch-
farbenen Beinen

2 gelber Schnabel mit
rotem Fleck

3 graue Oberseite,
schwarze Flügelspitzen

SILBERMÖWE

Achtung, Diebe, aufpassen! In Häfen oder auf Promenaden lauern Silbermöwen auf Fischbrötchen, Eistüten und Pommes. Oft wirst du von hungrigen Silbermöwenaugen beobachtet, die auf Reste warten. Es gibt aber auch welche, die dir gleich das ganze Essen aus der Hand wegschnappen. So schnell kannst du gar nicht gucken.

034

GUCKST DU

1 oranger Bauch, blauer Rücken

2 großer Dolchschnabel

3 kleine Füße, großer Kopf

EISVOGEL

Kennst du den Ruf, entdeckst du ihn: »Ziieh!« – und zack, da saust er waagerecht übers Wasser. Sonst sitzt er am Ufer und hält Ausschau nach Beute. Schwups – stößt er blitzschnell, den Schnabel voraus, ins Wasser, packt seine Beute mit dem Dolchschnabel und fliegt zurück auf einen Ast.

035

HÖRST DU?

Kennst du die Rufe und Gesänge der Vögel? Sie können dir helfen, Arten zu entdecken, bevor du sie siehst. Mit der App »KOSMOS PLUS« kannst du sie dir einfach anhören.

Die App »KOSMOS PLUS«

1. Besuch den App Store oder Google Play.
2. Lade dir die kostenlose App »KOSMOS PLUS« auf dein Mobilgerät.
3. Öffne die App, suche das Buchcover, schalte die Inhalte mit dem Code **Wiedehopf** frei und lade dir die Stimmen herunter.
4. Du gibst jetzt einfach den Zahlen-Code, z. B. 001, in die App ein.

Mehr Informationen findest du unter plus.kosmos.de

Alle Arten in alphabetischer Abfolge

HOLGER

Mein Herz schlägt für Vögel. Daher findest du mich meistens draußen. Die Texte stammen aus meiner Feder.

ERNI

Ich bin Illustratorin und habe die Vögel für dich gezeichnet.
Mit viel Farbe und Mut zur Abstraktion.

@ernidonnerberg

LENA

Die Typografie lag in meiner Hand. So habe ich den Illustrationen und Texten das richtige Nest bereitet.

@lena.haubner.grafikdesign

GUCKST DU AUCH MAL NACH UNTEN?

Dann haben wir bald einen tollen zweiten Band für dich. Darin geht es um Insekten, Spinnen und was sonst alles noch herumkrabbelt.

Mit 35 Arten
auf 96 Seiten

Mehr Informationen:
kosmos.de

COMING SOON ...

KOSMOS
GUCKST DU UNTEN

IMPRESSUM

Umschlaggestaltung von Ernestine Donnerberg und Lena Haubner unter Verwendung von Illustrationen von Ernestine Donnerberg.
Alle Illustrationen in diesem Buch stammen von Ernestine Donnerberg.

Alle Texte im Buch sind von Holger Haag.

Gedruckt auf chlorfrei gebleichtem Papier

ISBN 978-3-440-18398-4
Redaktion: Stefanie Tommes und Claudia Salata
Gestaltungskonzept: Ernestine Donnerberg und Lena Haubner
Gestaltung und Satz: Lena Haubner
Produktion: Markus Schärtlein
Druck und Bindung: Grafisches Centrum Cuno, Calbe
Printed in Germany / Imprimé en Allemagne

FSC www.fsc.org
MIX
Papier | Fördert gute Waldnutzung
FSC® C043106

ERNI

Ich bin Illustratorin und habe die Vögel für dich gezeichnet.
Mit viel Farbe und Mut zur Abstraktion.

@ernidonnerberg

LENA

Die Typografie lag in meiner Hand. So habe ich den Illustrationen und Texten das richtige Nest bereitet.

@lena.haubner.grafikdesign

GUCKST DU AUCH MAL NACH UNTEN?

Dann haben wir bald einen tollen zweiten Band für dich. Darin geht es um Insekten, Spinnen und was sonst alles noch herumkrabbelt.

Mit 35 Arten
auf 96 Seiten

Mehr Informationen:
kosmos.de

COMING SOON ...